MUG CAKES

爆漿蛋糕與軟心蛋糕加熱2分鐘Okay！

5分鐘馬克杯蛋糕

Lene Knudsen 琳恩·克努森 著
Richard Boutin 理查·布登 攝影

出版\菊

Sommaire 目錄

Faire ses mug cakes

製作馬克杯蛋糕

來自美國的馬克杯蛋糕是一種很有趣，而且非常快速就可以做好的蛋糕，我們可依廚房裡現有的材料，不斷創新搭配出絕不重複的甜美時刻。為了能夠完美地製作出馬克杯蛋糕，我們的建議如下

PRÉPARATION EXPRESS
快速的準備

所有的份量都以湯匙計算，更方便準備食材，而不需另外秤量。也就是說，大匙(湯匙)和小匙(咖啡匙)的尺寸會因樣式而大不相同。因此，本食譜中的配方請參考以下的相對等量：

－1大平匙的低筋麵粉＝8克
－1大平匙的砂糖＝11克
－1大匙的液狀鮮奶油(crème liquide)＝11克
－1小平匙的泡打粉(levure chimique)＝3克
－1薄片奶油＝10克
－1片厚0.5公分的奶油＝15克
－1片厚1公分的奶油＝30克

輕輕攪拌材料1至2分鐘後再加入低筋麵粉，否則表面會有過多的氣泡。
最適合用來攪拌的工具是叉子和迷你橡皮刮刀(mini spatule souple)。

CUISSON：LA MAÎTRISE DU MICRO-ONDES
烘焙加熱：微波爐的掌控

馬克杯蛋糕的烘焙在微波爐外仍持續進行。出爐時，若蛋糕表面仍有點軟，請不必擔心：蛋糕會在1或2分鐘後變得較乾較硬。
為了獲得完美的結果，或許應該減少或增加烘焙加熱的時間。每台微波爐標示的功率會隨著機種的不同而有所變化。
當我們在馬克杯蛋糕中使用巧克力時，蛋糕會乾燥得較快！
必須注意的是，只能使用適用於微波爐的馬克杯，絕不能使用金屬、帶有金屬鑲邊、PVC材質、不耐高溫的杯子(請確認後再使用)。

MANGER SANS ATTENDRE 立即食用

馬克杯蛋糕必須即刻食用(至少等不燙了以後)。因為這種以微波爐烘焙的蛋糕會乾燥得很快，因而無法保存！
請用小湯匙直接在杯子裡挖著享用馬克杯餅乾。這是一種柔軟而非酥脆的餅乾，請趁熱或在微溫時品嚐。

Toppings

表面餡料

更棒！更令人開心的是，我們還可以在馬克杯蛋糕上加料：從微波爐中取出後，可在蛋糕表層再淋上鏡面（glaçage）、庫利（coulis）、鮮奶油（crème）、醬汁（sauce）…等。

SAUCE AU CHOCOLAT 巧克力醬

在馬克杯中放入5塊巧克力（carrés de chocolat）*，微波加熱30秒（功率800W）至巧克力融化。加入1小匙的中性油（huile neutre）*並仔細攪拌：混合物必須攪拌均勻。

SAUCE CARAMBAR® 焦糖醬

將2條焦糖棒對折，放在馬克杯或碗底，再加入1大匙的液狀鮮奶油。以微波爐加熱約30秒（功率800W），接著仔細將醬汁混合均勻，預留備用。

GLAÇAGE 鏡面糖霜

在小碗中放入4大平匙的糖粉和1小匙的水。用湯匙仔細混合，然後倒在烤好的馬克杯蛋糕上。若想要進行裝飾，請用½小匙的彩色迷你糖球（mini billes de sucre multicolores）撒在糖霜上。

SAUCE AU CHOCOLAT BLANC 白巧克力醬

在馬克杯中放入6塊白巧克力（carrés de chocolat）*，加入2大匙的液狀鮮奶油，然後以微波爐加熱約30秒（功率800W）至巧克力融化。取出，接著混合至醬汁般均勻的濃稠度。若醬汁過稠，請再微波10秒。預留備用。

COULIS DE FRUITS 水果庫利

在碗中壓碎6小湯匙的紅色水果（通常是莓果類），並加入2大平匙的糖粉。均勻混合，接著就可淋在馬克杯蛋糕上。

GLAÇAGE AU CREAM CHEESE 奶油起司鏡面

在碗中混合1塊75克Carré frais®品牌的起司、1片厚0.5公分（15克）室溫回軟的奶油、4大平匙的糖粉和1小匙的檸檬皮屑，將以上所有材料攪拌均勻。馬克杯蛋糕從微波爐中取出後，就可在表面鋪上薄薄一層。

CHANTILLY FRAMBOISE 覆盆子鮮奶油香醍

用電動攪拌器將250毫升的鮮奶油打發成充分打發的鮮奶油香醍。在液體鮮奶油開始凝固時，倒入½包的cremfix鮮奶油增稠劑（可省略）和4大平匙的糖粉，接著攪打至完全打發。加入½盒的新鮮覆盆子，用大的橡皮刮刀輕輕攪拌，將覆盆子混合均勻。

*編註：carrés de chocolat 是指即食的板狀巧克力所壓出的小方塊狀，1 小方塊約 5 克。
中性油（huile neutre）指無特殊氣味的液體油。

mug cake vanille
香草馬克杯蛋糕

INGRÉDIENTS 材料
厚1公分的奶油1片(30克)
雞蛋1顆
紅砂糖2大匙
香草精1小匙
液狀鮮奶油1大匙
低筋麵粉5大匙
泡打粉 ½ 小匙

glaçage & déco 鏡面 & 裝飾
糖粉4大匙
水1小匙
彩色迷你糖球(mini billes de sucre
multicolores) ½ 小匙

將奶油放入碗中,微波加熱20秒
(功率800W)至奶油融化。

在馬克杯中:一邊依序放入雞蛋、
砂糖和香草精,接著是液狀鮮奶
油、低筋麵粉、泡打粉和融化的奶
油,一邊攪拌均勻。

微波1分40秒(功率800W)。

用鏡面糖霜(見第6頁)和彩色迷你
糖球進行裝飾。

mug cake citron
檸檬馬克杯蛋糕

INGRÉDIENTS 材料

厚1公分的奶油1片（30克）

砂糖4大平匙

檸檬皮屑2小匙

雞蛋1顆

香草糖（sucre vanillé）½小匙

液狀鮮奶油4小匙

低筋麵粉6大匙

泡打粉½小匙

glaçage & déco 鏡面 & 裝飾

糖粉4大匙

水1小匙

黃色食用色素（Colorant jaune）

黃色巧克力米（vermicelles de sucre jaunes）1小匙（依個人喜好添加）

將奶油放入碗中，微波加熱20秒（功率800W）至奶油融化。

在馬克杯中：依序放入糖、檸檬皮屑、雞蛋、香草糖、液狀鮮奶油、低筋麵粉、泡打粉和融化的奶油，並加以攪拌。

微波1分40秒（功率800W）。

用黃色的鏡面糖霜（見第6頁）和黃色巧克力米進行裝飾。

mug cake
orange 柳橙馬克杯蛋糕

厚1公分的奶油1片(30克)　　泡打粉 ½ 小匙

雞蛋1顆　　　　　　　　　　巧克力豆2小平匙

糖4大匙

香草糖 ½ 小匙　　　　　　　glaçage & déco 鏡面 & 裝飾

柳橙汁3小匙　　　　　　　　糖粉4大匙

液狀鮮奶油2小匙　　　　　　水1小匙

低筋麵粉4大匙　　　　　　　柳橙皮1.5小匙

杏仁粉3大匙　　　　　　　　糖漬柳橙薄片1片

將奶油放入碗中,微波加熱20秒(功率800W)至奶油融化。

在馬克杯中:依序放入雞蛋、兩種糖、柳橙汁、液狀鮮奶油、麵
粉、杏仁粉、泡打粉、融化的奶油和巧克力豆,並加以攪拌。

用微波爐微波1分50秒(功率800W)。

用鏡面糖霜(見第6頁)、1片糖漬柳橙薄片 & 幾條柳橙薄皮進行
裝飾。

1個馬克杯-5分鐘-功率800W

12 - culte

mug cake poire
amandine
杏仁洋梨馬克杯蛋糕

INGRÉDIENTS 材料

去皮去籽的洋梨½顆

厚1公分的奶油1片(30克)

雞蛋1顆

砂糖2大匙

香草糖(sucre vanillé)1小匙

液狀鮮奶油1大匙

低筋麵粉6大匙

泡打粉½小匙

杏仁片2大匙

sauce au chocolat blanc
白巧克力醬

白巧克力6塊

液狀鮮奶油2大匙

在碗中放入洋梨和1大匙的水,加熱1分10秒(功率800W)後瀝乾。在另一個碗中放入奶油,微波加熱20秒(功率800W)至奶油融化。

在馬克杯中:一邊依序放入雞蛋、砂糖、香草糖、液狀鮮奶油、低筋麵粉、泡打粉、融化的奶油、1大匙的杏仁片,攪拌均勻。插上半顆洋梨,撒上剩餘的杏仁片。

微波1分40秒(功率800W)。

用白巧克力醬(見第6頁)進行裝飾。

mug cake banane
& pépites choco
香蕉 & 巧克力豆馬克杯蛋糕

INGRÉDIENTS 材料
厚1公分的奶油1片(30克)
雞蛋1顆
砂糖4大匙
香草糖(sucre vanillé)1小匙
液狀鮮奶油1小匙
熟透的香蕉泥4大匙
泡打粉 ½ 小匙
低筋麵粉8大匙
巧克力豆(pépites de chocolat)
　　1大匙

將奶油放入碗中，微波加熱20秒
(功率800W)至奶油融化。

在馬克杯中：一邊依序放入雞蛋、
砂糖、香草糖、鮮奶油、香蕉泥、
低筋麵粉、泡打粉、巧克力豆和融
化的奶油，一邊攪拌。

微波1分40秒(功率800W)。

mug cake
yaourt 優格馬克杯蛋糕

厚1公分的奶油1片(30克)

雞蛋1顆

糖4大匙

香草糖(sucre vanillé)1小匙

優格3小匙

低筋麵粉6大匙

泡打粉 ½ 小匙

coulis & déco 庫利&裝飾

糖粉2.5小匙

紅色莓果(fruits rouges)
　6大匙

將奶油放入碗中，微波加熱20秒(功率800W)至奶油融化。

在馬克杯中：一邊依序放入糖、雞蛋、香草糖、優格、低筋麵粉、泡打粉和融化的奶油，一邊攪拌。

微波1分40秒(功率800W)。

用 ½ 小匙過篩的糖粉和莓果庫利(見第6頁)進行裝飾。

1個馬克杯－5分鐘－功率800W

18 - culte

mug marbré
大理石馬克杯蛋糕

INGRÉDIENTS 材料

厚1公分的奶油1片（30克）

黑巧克力（chocolat noir）3塊

雞蛋1顆

砂糖3大匙

香草糖（sucre vanillé）½小平匙

液狀鮮奶油1大匙

榛果粉2大匙

低筋麵粉5大匙

泡打粉½小匙

將奶油放入碗中，微波加熱20秒（功率800W）至奶油融化。將巧克力放入另一個碗中，微波1分10秒（功率800W）至巧克力融化。

在第3個碗中依序放入雞蛋、砂糖、香草糖、液狀鮮奶油、榛果粉、低筋麵粉、泡打粉和融化的奶油，攪拌均勻成原味麵糊。將⅓的麵糊和融化的巧克力混在一起，成為巧克力麵糊。

在馬克杯中：一匙一匙交錯地放入巧克力麵糊和原味麵糊。用刮刀在麵糊裡劃出波浪狀，以製造大理石紋。

微波1分40秒（功率800W）。

mug cake *Carambar*®

焦糖棒馬克杯蛋糕

厚1公分的奶油1片（30克）
雞蛋1顆
砂糖4大匙
糖煮水果（compote）2大匙
低筋麵粉6大匙
泡打粉½小匙

焦糖棒（Carambar®）2條
sauce au Carambar®
焦糖棒醬汁
焦糖棒2條
液狀鮮奶油1大匙

將奶油放入碗中，微波加熱20秒（功率800W）至奶油融化。

在馬克杯中：一邊依序放入砂糖、雞蛋、低筋麵粉、糖煮水果、泡打粉和融化的奶油，一邊攪拌。在麵糊中央插入1條焦糖棒。

微波1分40秒（功率800W）。

用焦糖棒醬汁（見第6頁）和1條折半的焦糖棒在表面進行裝飾。

1個馬克杯－5分鐘－功率800W

mug cake
marshmallow
棉花糖馬克杯蛋糕

厚0.5公分的奶油1片(15克)　　低筋麵粉5大匙
雞蛋1顆　　　　　　　　　　　泡打粉 ½ 小匙
砂糖1.5大匙　　　　　　　　　棉花糖(marshmallow)1顆
液狀鮮奶油1大匙
軟化的花生醬3大匙　　　　　**déco 裝飾**
　　　　　　　　　　　　　　糖粉

將奶油放入碗中,微波加熱20秒(功率800W)至奶油融化。

在馬克杯中:一邊依序放入雞蛋、砂糖、液狀鮮奶油、軟化的花
生醬、低筋麵粉、泡打粉和融化的奶油,一邊攪拌。

在麵糊中加入切成4小塊的棉花糖。

微波1分40秒(功率800W)。
以糖粉進行裝飾。

1個馬克杯－5分鐘－功率800W

24 - *ultimate*

24 - *culte*

mug-carrot-cake
馬克杯胡蘿蔔蛋糕

INGRÉDIENTS 材料

雞蛋1顆

紅砂糖(sucre roux)4大匙

香草糖(sucre vanillé) ½小匙

葵花油2.5大匙

有機胡蘿蔔絲4大匙

低筋麵粉6大匙

泡打粉½小匙

肉桂粉或法式綜合香料粉
　(quatre-épices)* 1撮

cream cheese 奶油起司

奶油起司(Carré frais® 牌)1塊(70克)

厚0.5公分的奶油1片(15克)

糖粉2大匙

檸檬皮屑1小匙

在馬克杯中：一邊依序放入雞蛋、紅砂糖、香草糖、葵花油、胡蘿蔔絲、低筋麵粉、泡打粉和法式綜合香料粉或肉桂粉，一邊攪拌均勻。

微波1分40秒(功率800W)。

鋪上薄薄一層奶油起司鏡面(見第6頁)作為裝飾。

＊編註：法式綜合香料粉(quatre-épices)包括：丁香、薑粉、白胡椒和肉荳蔻粉。

mug cake
choco-coco
巧克椰香馬克杯蛋糕

厚1公分的奶油1片（30克）　　　椰子絲4大匙

雞蛋1顆

砂糖2大匙　　　　　　　　　　　sauce choco & déco

香草糖（sucre vanillé）½小匙　　**巧克醬＆裝飾**

液狀鮮奶油1大匙　　　　　　　　椰子絲1小平匙

低筋麵粉6大匙　　　　　　　　　巧克力5塊

泡打粉½小匙　　　　　　　　　　中性油＊1小匙

　　　　　　　　　　　　　　　　＊編註：指無特殊氣味的液體油。

將奶油放入碗中，微波加熱20秒（功率800W）至奶油融化。

在馬克杯中：一邊依序放入雞蛋、砂糖、香草糖、液狀鮮奶油、低筋麵粉、泡打粉、融化的奶油和椰子絲，加以攪拌。

微波1分40秒（功率800W）。

用巧克力醬（見第6頁）與椰子絲進行裝飾。

1個馬克杯－5分鐘－功率800W

28 - ultimate

mug cake frangipane
杏仁奶油馬克杯蛋糕

INGRÉDIENTS 材料

厚1公分的奶油1片（30克）

雞蛋1顆

糖4大匙

香草糖（sucre vanillé）½ 小匙

液狀鮮奶油2小匙

苦杏仁精（extrait d' amande amère）
　　½ 小匙

低筋麵粉6大匙

泡打粉 ½ 小匙

杏仁粉2大匙

葡萄乾2大匙

阿瑪雷托苦杏酒（Amaretto）
　　（或自行選擇其他酒類）1大匙

déco 裝飾

英式奶油醬（Crème anglaise）

將奶油放入碗中，微波加熱20秒（功率800W）至奶油融化。

在馬克杯中：一邊依序放入雞蛋、糖、香草糖、液狀鮮奶油、苦杏仁精、低筋麵粉、泡打粉、杏仁粉、融化的奶油、葡萄乾和阿瑪雷托苦杏酒，並加以攪拌。

微波1分50秒（功率800W）。

請搭配英式奶油醬享用。

mug cake
fruits secs 堅果馬克杯蛋糕

厚1公分的奶油1片（30克）　泡打粉 ½ 小匙
雞蛋1顆　　　　　　　　　榛果碎1大匙
糖2大匙　　　　　　　　　杏仁碎1大匙
香草糖（sucre vanillé）½ 小匙　開心果碎1.5大匙
液狀鮮奶油1大匙
杏桃果醬1大匙　　　　　　déco 裝飾
低筋麵粉5大匙　　　　　　杏桃果醬 ½ 小匙
　　　　　　　　　　　　　開心果碎1大匙

將奶油放入碗中，微波加熱20秒（功率800W）至奶油融化。

在馬克杯中：一邊依序放入雞蛋、糖、香草糖、液狀鮮奶油、杏桃果醬、低筋麵粉、泡打粉、融化的奶油、切碎的榛果、杏仁和開心果，並加以攪拌。

微波1分40秒（功率800W）。

在杯緣塗上薄薄一層果醬，然後黏上剩餘的開心果。

1個馬克杯－5分鐘－功率800W

32 - *ultimate*

mug financier
cœur coulant chocolat blanc
軟心白巧克力費南雪馬克杯蛋糕

INGRÉDIENTS 材料
厚1公分的奶油1片(30克)
糖粉2大匙
低筋麵粉3大匙
杏仁粉2大匙
榛果粉1大匙
泡打粉1/4小匙
蛋白1個
白巧克力3塊

déco 裝飾
榛果2顆

將奶油放入碗中，微波加熱20秒（功率800W）至奶油融化。

在馬克杯中：一邊依序放入糖粉、低筋麵粉、杏仁粉、榛果粉、泡打粉、蛋白和融化的奶油，並加以攪拌。

將白巧克力塊放入麵糊中。

微波1分30秒（功率800W）。

用約略搗碎的榛果進行裝飾。

mug cake
cœur coulant
軟心馬克杯蛋糕

厚1公分的奶油1片(30克)
雞蛋1顆
砂糖4大匙
香草糖(sucre vanillé)1小匙
液狀鮮奶油2小匙

無糖可可粉(cacao non
　sucré en poudre)2.5大匙
低筋麵粉6大匙
泡打粉½小匙
巧克力2或3塊

將奶油放入碗中,微波加熱20秒(功率800W)至奶油融化。

在馬克杯中:一邊依序放入雞蛋、糖、香草糖、液狀鮮奶油、可
可粉、低筋麵粉、泡打粉、融化的奶油,並加以攪拌。

將巧克力塊放入麵糊中。

微波1分20秒(功率800W)。

1個馬克杯 − 5分鐘 − 功率800W

36 - *spécial chocolat*

mug fondant
au chocolat
岩漿巧克力馬克杯蛋糕

INGRÉDIENTS 材料
雞蛋 1 顆
奶油薄片 1 片（10克）
砂糖 4 大匙
香草糖（sucre vanillé）½ 小匙
無糖可可粉（cacao non sucré en
　poudre）3 大匙

déco 裝飾
巧克力 1 塊
覆盆子（Framboises 依個人喜好
　添加）
小顆的馬琳糖（Petites meringues
　依個人喜好添加）

將奶油放入碗中，微波加熱10秒
（功率800W）至奶油融化。

在馬克杯中：一邊依序放入雞蛋、
糖、香草糖、融化的奶油和可可粉，
並加以攪拌。

微波 1 分鐘（功率800W）。

用切碎的巧克力塊、些許覆盆子和
小顆的馬琳糖進行裝飾，也可以加
一些覆盆子鮮奶油香醍（見第6頁）。

mug brownie
3 chocolats
馬克杯布朗尼－添加 *3* 種巧克力

厚 1 公分的奶油 1 片（30 克）　　液狀鮮奶油 1 大匙

雞蛋 1 顆　　　　　　　　　　　巧克力豆（pépite de

砂糖 4 大匙　　　　　　　　　　　chocolat）2 大匙

低筋麵粉 6 大匙　　　　　　　　榛果粒巧克力抹醬（pâte à

無糖可可粉 3 大匙　　　　　　　tartiner aux noisettes

泡打粉 ½ 小匙　　　　　　　　　croustillantes）2 大匙

將奶油放入碗中，微波加熱 20 秒（功率 800W）至奶油融化。

在馬克杯中： 一邊依序放入雞蛋、砂糖、融化的奶油、低筋麵粉、可可粉、泡打粉、液狀鮮奶油和巧克力豆，並加以攪拌。

將榛果粒巧克力抹醬塗抹在馬克杯的內緣。

微波 1 分 20 秒（功率 800W）。

1 個馬克杯－5 分鐘－功率 800W

40 - *spécial chocolat*

mug cake
caramel salé
鹹味焦糖馬克杯蛋糕

厚1公分的奶油1片（30克）　　泡打粉 ½ 小匙
雞蛋1顆　　　　　　　　　　　含鹽奶油焦糖
砂糖3大匙　　　　　　　　　　　（caramels au beurre
液狀鮮奶油1大匙　　　　　　　　salé）3塊
無糖可可粉2大平匙
低筋麵粉6大匙

將奶油放入碗中，微波加熱20秒（功率800W）至奶油融化。

在馬克杯中：一邊依序放入雞蛋、砂糖、液狀鮮奶油、可可粉、低筋麵粉、泡打粉、融化的奶油和含鹽奶油焦糖塊，並加以攪拌。

微波1分20秒（功率800W）。

1個馬克杯－5分鐘－功率800W

1個馬克杯－5分鐘－功率800W

mug cake au **Nutella**®
巧克力榛果醬馬克杯蛋糕

INGRÉDIENTS 材料
雞蛋1顆
糖3大匙
巧克力榛果醬(Nutella®)4大匙
低筋麵粉5大匙
泡打粉½小匙
無糖可可粉2大匙

在馬克杯中： 一邊依序放入雞蛋、糖、巧克力榛果醬、低筋麵粉、泡打粉和可可粉，並加以攪拌。

微波50秒(功率800W)。靜置1至2分鐘後再品嚐。

mug marbré choco-café
巧克咖啡大理石馬克杯蛋糕

INGRÉDIENTS 材料

厚1公分的奶油1片(30克)

雞蛋1顆

液狀鮮奶油4小匙

砂糖2大匙

香草糖(sucre vanillé)1小匙

低筋麵粉5大匙

泡打粉½小匙

黑巧克力3塊

即溶咖啡粉1小匙

將奶油放入碗中,微波加熱20秒(功率800W)至奶油融化。將黑巧克力放入另一個碗中,微波加熱1分10秒(功率800W)至巧克力融化。

在第3個碗中依序放入雞蛋、砂糖、香草糖、液狀鮮奶油、低筋麵粉、泡打粉和融化的奶油,並加以攪拌。

取一半的麵糊,與融化的巧克力、即溶咖啡粉混合。

在馬克杯中: 一匙一匙交錯地放入調味的巧克咖啡麵糊和原味的麵糊。用刮刀在麵糊裡劃出波浪狀,以製造大理石紋。

微波1分40秒(功率800W)。

mug cake aux fruits confits
糖漬水果馬克杯蛋糕

INGRÉDIENTS 材料

厚1公分的奶油1片（30克）

雞蛋1顆

砂糖2大匙

液狀鮮奶油1大匙

苦杏仁精（extrait d'amande amère）
½小匙

低筋麵粉5大匙

泡打粉½小匙

什錦糖漬水果丁（dés de fruits
confits assortis）1大匙

金黃葡萄乾2小匙

杏仁片1小匙

déco 裝飾

糖漬櫻桃（cerise confite）2顆

糖粉或英式奶油醬（Crème
anglaise 見第6頁）

將奶油放入碗中，微波加熱20秒（功率800W）至奶油融化。

在馬克杯中： 一邊攪拌，依序放入砂糖、雞蛋、苦杏仁精、鮮奶油、低筋麵粉、泡打粉、融化的奶油、糖漬水果丁、葡萄乾和杏仁片。

微波爐加熱1分40秒（功率800W）。

以糖漬櫻桃和英式奶油醬進行裝飾。

mug financier
aux fruits rouges
紅果費南雪馬克杯蛋糕

INGRÉDIENTS 材料

厚1公分的奶油1片（30克）

糖粉3大匙

低筋麵粉3大匙

杏仁粉3大匙

泡打粉1/4小匙

蛋白1個

紅色莓果（fruits rouges）1大匙

覆盆子（framboises）4顆

déco 裝飾

糖粉½小匙

將奶油放入碗中，微波加熱20秒（功率800W）至奶油融化。

在馬克杯中：一邊依序放入糖粉、低筋麵粉、杏仁粉、泡打粉、蛋白和融化的奶油，並加以攪拌。將紅色莓果和覆盆子擺在麵糊上。

微波爐加熱1分30秒（功率800W）。

以糖粉進行裝飾。

mug crumble
à la pomme
馬克杯蘋果烤麵屑

INGRÉDIENTS 材料

蘋果 ½ 顆

香草糖或楓糖漿
　（sirop d'érable）1 小匙

檸檬汁 1 小匙

水 1 大匙

肉桂粉 1 撮

crumble 烤麵屑

厚 0.5 公分的半鹽奶油（beurre
　semi-sel）1 片（15克）

小燕麥片（petits flocons d'avoine）
　1 大匙

低筋麵粉 4 大匙

蔗糖（sucre de canne）2 大匙

去皮杏仁切成粗粒（amandes
　émondées）2 顆

混合冰涼的半鹽奶油、小燕麥片、低筋麵粉、蔗糖和杏仁粒，成碎粒狀。

在馬克杯中： 混合削皮且切丁的蘋果、檸檬汁、香草糖或楓糖漿、肉桂粉和水。

微波 3 分鐘（功率 800W）。

在表面擺上混合好的烤麵屑。再微波加熱 2 分 30 秒（功率 800W）。

mug cake tropical
熱帶馬克杯蛋糕

INGRÉDIENTS 材料

厚1公分的奶油1片(30克)

雞蛋1顆

砂糖2大匙

香草糖(sucre vanillé)1小匙

液狀鮮奶油1大匙

低筋麵粉5大匙

椰子粉2大匙

泡打粉½小匙

切成細碎的鳳梨2大匙

蘭姆酒(rhum)1大匙

déco 裝飾

新鮮鳳梨丁

糖粉½小匙

香草冰淇淋

將奶油放入碗中，微波加熱20秒(功率800W)至奶油融化。

在馬克杯中： 一邊依序放入雞蛋、砂糖、香草糖、液狀鮮奶油、低筋麵粉、椰子粉、泡打粉、融化的奶油、切成細碎的鳳梨和蘭姆酒，並加以攪拌。

微波：1分40秒(功率800W)。

用鳳梨丁和糖粉，或1球的冰淇淋進行裝飾。

mug cake thé vert
& framboises
綠茶 & 覆盆子馬克杯蛋糕

INGRÉDIENTS 材料
厚1公分的奶油1片（30克）
雞蛋1顆
砂糖4大匙
香草糖（sucre vanillé）½小匙
液狀鮮奶油1大匙
低筋麵粉5大匙
杏仁粉2大匙
抹茶粉¼小匙
泡打粉½小匙
覆盆子（framboises）6顆

déco 裝飾
糖粉½小匙

將奶油放入碗中，微波加熱20秒（功率800W）至奶油融化。

在馬克杯中：一邊依序放入雞蛋、砂糖、香草糖、液狀鮮奶油、低筋麵粉、杏仁粉、抹茶粉、泡打粉和融化的奶油，並加以攪拌。

將覆盆子放入麵糊中。

微波：1分50秒（功率800W）。

以糖粉進行裝飾。

mug cake myrtilles-ricotta
藍莓起司馬克杯蛋糕

INGRÉDIENTS 材料

厚1公分的奶油1片（30克）

雞蛋1顆

砂糖2大匙

香草糖（sucre vanillé）1小匙

瑞可達起司（ricotta）1.5大匙

檸檬皮屑2或3撮

低筋麵粉5大匙

泡打粉½小匙

新鮮藍莓2大匙（或冷凍藍莓1大匙）

將奶油放入碗中，微波加熱20秒（功率800W）至奶油融化。

在馬克杯中：一邊依序放入雞蛋、砂糖、香草糖、瑞可達起司、檸檬皮屑、低筋麵粉、泡打粉、和融化的奶油，並加以攪拌。

麵糊中混入藍莓。

微波：1分40秒（功率800W）。

mug cookie peanut butter
& sésame
花生醬 & 芝麻馬克杯餅乾

INGRÉDIENTS材料

厚0.5公分的半鹽奶油(beurre
   demi-sel)1片(15克)

砂糖1大匙

蛋黃1個

低筋麵粉4大匙

白芝麻粒½小匙

花生醬1大匙

在馬克杯中：放入奶油，微波加熱 20秒(功率800W)至奶油融化。依序放入砂糖、蛋黃、室溫回軟的花生醬、低筋麵粉和白芝麻粒，並加以攪拌均勻。

微波1分鐘(功率800W)。

mug cookie
aux M&M's®
M&M's 馬克杯餅乾

厚0.5公分的半鹽奶油
　　(beurre demi-sel)1片
　　(15克)
蛋黃1個
紅砂糖(sucre roux)1大匙

香草糖(sucre vanillé)1小匙
低筋麵粉4大匙
約略切碎的M&M's®巧克力
　　4顆

在馬克杯中： 放入奶油，微波加熱20秒(功率800W)至奶油融化。依序放入砂糖、香草糖、蛋黃和低筋麵粉，並加以攪拌。

在麵糊中加入略切碎的M&M's®巧克力。

微波1分鐘(功率800W)。

1個馬克杯－5分鐘－功率800W

mug cookie chocolate chips

馬克杯巧克力豆餅乾

INGRÉDIENTS 材料

厚0.5公分的半鹽奶油(beurre
demi-sel)1片(15克)

紅砂糖(sucre roux)1.5大匙

香草糖(sucre vanillé) ½ 小匙

蛋黃1個

低筋麵粉4大匙

葡萄乾1小匙

巧克力豆2小匙

焦糖巧克力(chocolat au
caramel) (雀巢甜點焦糖Nestlé
Dessert® caramel)1塊

在馬克杯中: 放入奶油,微波加熱
20秒(功率800W)至奶油融化。依
序放入紅砂糖、香草糖、蛋黃、低
筋麵粉、葡萄乾和巧克力豆,並加
以攪拌。

在麵糊中加入焦糖巧克力塊。

微波1分鐘(功率800W)。

mug cookie
airelles
蔓越莓馬克杯餅乾

厚0.5公分的奶油1片(15克)　低筋麵粉4大匙
紅砂糖(sucre roux)1.5大匙　蔓越莓乾1大匙
香草糖(sucre vanillé) ½小匙　白巧克力2塊
蛋黃1個

在馬克杯中：放入奶油，微波加熱20秒(功率800W)至奶油融化。依序放入紅砂糖、香草糖、蛋黃、低筋麵粉、一半的蔓越莓乾，和用刀切碎的白巧克力1塊，並加以攪拌。

將剩餘的蔓越莓和1塊切碎的白巧克力鋪在麵糊上。

微波1分鐘(功率800W)。

1個馬克杯－5分鐘－功率800W

mug cookie pain d'épice
香料麵包馬克杯餅乾

INGRÉDIENTS 材料

厚0.5公分的奶油1片（15克）

紅砂糖（sucre roux）1大匙

香草糖（sucre vanillé）1小匙

蛋黃1個

蜂蜜1大匙

香料麵包用香料粉（épices pour
　　pain d'épice）* ¼小匙

全麥麵粉（farine complète）2.5大匙

中筋麵粉（farine classique）2大匙

糖漬橙皮1條（或未經上蠟處理的
　　刨絲橙皮）

在馬克杯中： 放入奶油，微波加熱20秒（功率800W）至奶油融化。依序放入紅砂糖、香草糖、蜂蜜、蛋黃、麵粉和香料粉，並加以攪拌。

在麵糊中加入切成小塊的糖漬橙皮。

微波1分鐘（功率800W）。

＊編註：香料麵包用香料粉包括：薑、肉桂、丁香與肉荳蔻。

mug cookie citron-pavot
檸檬罌粟籽馬克杯餅乾

INGRÉDIENTS材料

厚0.5公分的半鹽奶油(beurre
demi-sel)1片(15克)

砂糖1大匙

蛋黃1個

低筋麵粉2大匙

杏仁粉2大匙

檸檬皮屑½小匙

＋罌粟籽(graines de pavot)
½小匙

在馬克杯中：放入奶油，微波加熱20秒(功率800W)至奶油融化。依序放入砂糖、檸檬皮屑、蛋黃、低筋麵粉、杏仁粉和罌粟籽，並加以攪拌。

微波1分鐘(功率800W)。

Remerciements 致謝

感謝 Lou...
感謝 Fred 這位家庭自製馬克杯蛋糕的開創烈士。
感謝 Richard 美麗的照片，並隨時待命伸出援手，謝謝！
感謝 Jennifer 的味蕾，感謝妳的支持、建議和團隊精神...
感謝 Pauline 和 Rosemarie 的信任、直覺和你們分辨輕重緩急的能力...
整個出版團隊讓此計畫成為可能！

Shopping mugs 購買馬克杯的好地方

Iittala, www.iittala.com
Monoprix, www.monoprix.fr
Habitat, www.habitat.fr
Marimekko, www.marimekko.com
Alessi, www.alessi.com

Joy Cooking

5分鐘馬克杯蛋糕 Mug Cakes！

作者　琳恩•克努森 Lene Knudsen

攝影　理查•布登 Richard Boutin

翻譯　林惠敏

出版者 / 出版菊文化事業有限公司　P.C. Publishing Co.

發行人　趙天德

總編輯　車東蔚

文案編輯　編輯部　美術編輯　R.C. Work Shop

台北市雨聲街77號1樓

TEL：(02)2838-7996　　FAX：(02)2836-0028

法律顧問　劉陽明律師　名陽法律事務所

初版日期　2014年5月

定價　新台幣260元

ISBN-13：9789866210273　書　號　J101

讀者專線　(02)2836-0069

www.ecook.com.tw

E-mail　service@ecook.com.tw

劃撥帳號　19260956 大境文化事業有限公司

5分鐘馬克杯蛋糕 Mug Cakes！
琳恩•克努森　著 初版. 臺北市：出版菊文化，
2014[民103]　72面；19×19公分. ----(Joy Cooking系列；101)
ISBN-13：9789866210273　1.點心食譜　　427.16　　103007820